Auguste Laugel

La Télégraphie électrique entre les deux mondes

Techniques

 Le code de la propriété intellectuelle du 1er juillet 1992 interdit en effet expressément la photocopie à usage collectif sans autorisation des ayants droit. Or, cette pratique s'est généralisée dans les établissements d'enseignement supérieur, provoquant une baisse brutale des achats de livres et de revues, au point que la possibilité même pour les auteurs de créer des œuvres nouvelles et de les faire éditer correctement est aujourd'hui menacée. En application de la loi du 11 mars 1957, il est interdit de reproduire intégralement ou partiellement le présent ouvrage, sur quelque support que ce soir, sans autorisation de l'Éditeur ou du Centre Français d'Exploitation du Droit de Copie , 20, rue Grands Augustins, 75006 Paris.

ISBN : 978-1719179461

10 9 8 7 6 5 4 3 2 1

Auguste Laugel

La Télégraphie électrique entre les deux mondes

Techniques

Table de Matières

La Télégraphie électrique entre les deux mondes   7

La Télégraphie électrique entre les deux mondes

Lorsqu'Ampère découvrait les lois de l'électricité dynamique et faisait construire le premier appareil destiné à transmettre des signaux à l'aide du mouvement de petites aiguilles aimantées, il ne pouvait prévoir quelle brillante et rapide fortune était réservée à ce nouveau système de télégraphie. S'il eut l'incontestable mérite d'en poser les premières bases, c'est au physicien anglais Wheatstone et à l'ingénieur américain Morse que revient surtout l'honneur d'avoir réalisé, d'une manière simple et ingénieuse, la pensée hardie du savant français.

Ces fils dont on peut bien dire, sans la moindre hyperbole, qu'ils transmettent la pensée avec la rapidité de la foudre, — les fils du télégraphe électrique couvrent aujourd'hui de leur léger réseau tous les pays civilisés, se suspendent le long de tous nos chemins de fer, s'entrecroisent au-dessus des rues de nos grandes villes, traversent les plus hautes chaînes de montagnes. Qui eût, il y a vingt ans seulement, deviné que des ordres envoyés de Paris et de Londres feraient mouvoir le même jour des armées dans la Crimée, — ou, s'il est permis de passer du sujet le plus grave au plus frivole, que le touriste qui voyage dans les Alpes pourrait, grâce au télégraphe, retenu son gîte du soir au sommet du Righi?

L'étonnante extension de la télégraphie électrique s'explique aisément par la simplicité des moyens qu'elle emploie. Un fil de fer, des poteaux, quelques appareils d'une construction et d'un emploi faciles, voilà tout ce qu'il faut pour unir les deux bouts d'un continent; mais, avec cette intrépidité qui caractérise l'esprit scientifique et industriel moderne, on ne s'est point contenté de communiquer à la surface des terres, il a fallu traverser les mers elles-mêmes, et la télégraphie est alors entrée dans une phase nouvelle, où elle a rencontré des difficultés toutes spéciales, dont quelques-unes ne sont pas encore résolues. Les premiers essais furent timides : un câble sous-marin fut placé en 1851 dans le détroit du Pas-de-Calais, entre Douvres et le cap Sangate. Peu après, l'Angleterre posa des câbles d'Holyhead aux environs de Dublin, de Douvres à Middelkerke, près d'Ostende, du comté de Suffolk à Scheveningen, qui est aux portes de La Haye. En 1853, le Danemark établit sa communication avec l'île de Seeland par l'île de Fionie, l'Ecosse fut mise en rapports avec l'Irlande; le Zuyderzée fut traversé. Au Canada, on unissait le Nouveau-Brunswick à l'île du Prince-Edouard, dans le golfe Saint-Laurent : première étape de la grande ligne qui un jour doit relier les deux continents. On préludait ainsi à des tentatives plus hardies : la Spezzia fut bientôt jointe au cap Corse, l'île de Corse à l'île de Sardaigne, et dans la Mer-Noire le câble jeté entre Varna et Balaclava permit à l'Europe occidentale de suivre jour par jour les péripéties de la guerre. Enfin l'on essaya de compléter la communication entre l'Europe et l'Afrique, mais sans succès : le câble, qui, partant du cap Spartivento en Sardaigne, devait aboutir à la Calle en Algérie et atteindre des profondeurs de plus de 2,000 mètres, fut rompu et resta en partie au fond de la mer. Malgré cet échec, il était désormais permis de croire qu'on franchirait un jour la Méditerranée, et l'on osa même espérer que l'ancien et le Nouveau-Monde seraient bientôt réunis à travers le vaste Océan-Atlantique. L'Amérique et l'Angleterre se prirent d'enthousiasme pour cette noble tentative, et en suivirent toutes les phases avec une patriotique anxiété. On ne se borna pas à en exalter l'importance commerciale, on voulut y voir comme un gage de concorde et de paix entre deux grandes nations, qui, bien qu'armées si longtemps l'une contre l'autre et encore rivales, ne peuvent oublier qu'elles sont unies par une commune origine. La portée politique et sociale d'une entreprise sans précédent, les études pleines d'intérêt qui l'ont préparée, l'accident même qui en est venu interrompre l'exécution, tout se réunit pour justifier l'attention qu'elle excite. On nous permettra donc d'entrer avec quelque détail dans l'examen du projet de communication électrique entre les deux mondes pour faire apprécier les difficultés de tout genre qu'il a rencontrées, les raisons qui l'ont fait échouer, et celles qui autorisent à ne pas désespérer du succès. Le professeur Morse, de New-York, conçut le premier l'idée d'établir une communication électrique sous-marine entre les Etats-Unis et l'Angleterre. Trois ans après la pose du premier câble télégraphique en Europe, le gouvernement colonial de Terre-Neuve accorda à une compagnie la concession de cette ligne, lui alloua une subvention, et lui garantit des droits exclusifs sur la côte entière de Terre-Neuve et du Labrador, Les gouvernements de l'île du Prince-Edouard et de l'état du Maine lui offrirent peu après de semblables privilèges; mais ces concessions, comme tant d'autres qu'emporte l'oubli, seraient restées à l'état de lettre morte, si la confiance, que les plus téméraires seuls accordèrent d'abord, n'avait bientôt été justifiée par des études décisives, dont il est indispensable de faire connaître les résultats : nous voulons parler des études hydrographiques exécutées dans l'Océan-Atlantique, et des expériences entreprises en Angleterre sur le mouvement de l'électricité dans les câbles sous-marins.

Il importait d'abord de connaître avec précision la forme du grand bassin que remplit l'Atlantique, pour choisir la route qui présenterait le moins d'obstacles à l'immersion d'un câble, et diriger avec quelque sûreté cette délicate opération. Malheureusement ce qu'on pourrait nommer la géographie du fond de la mer est une science encore toute nouvelle. Les mystérieux abîmes qui séparent nos continents nous sont inconnus dans leurs profondeurs. Tous les marins savent quelle difficulté on éprouve à exécuter des sondages rigoureux aussitôt qu'on s'éloigne à une distance un peu considérable des côtes. Le moyen qu'on emploie d'ordinaire consiste à laisser tomber un poids très lourd, attaché à une corde, et à mesurer combien il s'en déroule jusqu'au moment où l'on sent que le poids touche le fond de la mer; mais ce procédé ne donne plus aucune indication précise quand la profondeur devient très grande : le frottement de l'eau, le poids même de la corde, ne permettent guère d'apprécier l'instant où la sonde a porté. D'ailleurs la corde ne descend jamais en ligne verticale, elle se replie en sens divers sous l'influence des courants sous-marins. C'est pour ces motifs qu'on ne peut accorder aucune confiance à certains sondages qui ont accusé en quelques parties de l'Océan-Atlantique des profondeurs vraiment incroyables. Depuis longtemps, on a imaginé une foule de moyens plus ou moins ingénieux pour remédier à ces difficultés : le système adopté aujourd'hui par la marine américaine nous paraît le plus simple en même temps que le plus rigoureux.

Qu'on jette à la mer un boulet attaché à une très mince ficelle qui se déroule librement, il tombera avec une vitesse toujours croissante, jusqu'à ce qu'il aille s'enfoncer dans le lit de l'Océan. Pendant ce temps, la ficelle se dévidera de plus en plus rapidement; elle ne s'arrêtera même pas quand le boulet sera parvenu au fond, parce que les puissants courants qui traversent la mer continueront à l'entraîner; mais comme la vitesse de ces courants est constante, et incomparablement plus lente que celle d'un boulet tombant d'une prodigieuse hauteur, un hydrographe un peu exercé n'aura aucune peine à distinguer ces deux périodes du déroulement, et à estimer celle qui se rapporte à la chute seule du boulet. Cet appareil si commode a été perfectionné encore par le lieutenant Brooks, de la marine américaine. Dans son système, le boulet, arrivé au fond, se détache de lui-même, et la ficelle ramène, quand on la remonte, un petit cylindre rempli de la substance qui compose le lit de la mer. On peut obtenir ainsi des spécimens du fond de l'Océan aux plus étonnantes profondeurs. Ces ingénieuses dispositions ont permis au lieutenant Berryman de sonder en 1855 la partie de l'Atlantique qui s'étend entre l'Irlande et Terre-Neuve. La nature semblait indiquer ces deux îles comme les termes de la grande ligne destinée à unir les deux continents, dont elles sont les sentinelles avancées, et les recherches hydrographiques se trouvèrent d'accord avec cette indication. Le lit de la mer s'abaisse rapidement à partir des côtes d'Irlande, mais atteint bientôt une profondeur à peu près constante qu'il conserve sur une immense étendue. Cette plaine marine, qu'on nomme déjà le plateau télégraphique, s'étend à trois kilomètres environ au-dessous du niveau de l'Océan. La sonde n'y a trouvé ni sable ni argile; plus vaste et plus unie que les steppes et les déserts de nos continents, elle est entièrement formée par des animaux microscopiques qu'on nomme infusoires. Couvrant, durant leur vie éphémère, les chaudes mers des tropiques, ils tombent après leur mort au fond des eaux, et les courants sous-marins les amènent à ces calmes profondeurs, où leurs délicates carapaces se conservent pour toujours à l'abri des tempêtes qui bouleversent la surface de l'Océan. Le fond de la mer, qui, au milieu de l'Atlantique, atteint jusqu'à 3,900 mètres, s'élève doucement vers le continent américain, jusqu'auprès de Terre-Neuve, où il forme un talus rapide, comme sur la côte d'Irlande. Ces premiers sondages, exécutés sur l'*Arctic*, furent vérifiés et complétés par le bateau à vapeur anglais le *Cyclope*, qui parcourut dans les deux sens la ligne qu'on avait choisie pour établir le télégraphe atlantique. La distance entre Valentia, sur là côte d'Irlande, et Saint-Jean de Terre-Neuve, qui doivent en former les extrémités, est de 2,640 kilomètres en ligne droite.

Les promoteurs du télégraphe atlantique virent leurs espérances justifiées par la découverte de ce plateau, qui semblait tout préparé pour recevoir le dépôt précieux qu'on devait lui confier : on le comprendra aisément si l'on se rend compte de la façon dont s'opère l'immersion d'un câble sous-marin. On commence par le charger, sous la forme d'un vaste rouleau, à l'intérieur d'un navire; après avoir fixé l'une des extrémités à la côte, on conduit le vaisseau le long de la ligne projetée : le câble se dévide par l'effet de son propre poids et s'étend graduellement au fond de la mer, jusqu'à ce qu'on atteigne la côte opposée. On pourrait, avec beaucoup de vérité, comparer un vaisseau chargé de cette opération à une araignée occupée à tendre un fil d'un point à un autre. Comme le fil sort du corps même de l'animal à mesure qu'il se meut, ainsi le câble s'échappe des flancs du navire pendant qu'il traverse l'Océan; seulement l'araignée ne file que ce qui lui est nécessaire et ne tend que des lignes droites, tandis qu'on a beaucoup de peine à empêcher le câble, qui se déroule avec une furieuse vitesse, de s'accumuler en inutiles méandres au fond de l'eau. Quand on est arrivé en pleine mer, la corde métallique, suspendue entre le navire et le lit de l'Océan, agit comme un poids tellement puissant qu'il faut modérer l'entraînement de la portion qui reste dans le vaisseau, en opposant au déroulement des obstacles très énergiques que les mécaniciens appellent des freins. Lorsque le fond de la mer présente une aussi remarquable régularité que dans la région comprise entre l'Irlande et Terre-Neuve, il est assez facile, on le conçoit, de régler cette résistance, puisque le câble n'a qu'à descendre avec une vitesse uniforme qui, théoriquement, doit être égale à la vitesse même du navire en marche. De cette façon, tandis que celui-ci avancerait d'un kilomètre, un kilomètre de câble s'échouerait derrière lui sur le lit de l'Océan. Si au contraire il fallait franchir des montagnes sous-marines ou des vallées d'une grande profondeur, il deviendrait plus difficile de diriger convenablement la descente du câble, contraint de s'étendre sur des lignes très sinueuses, tandis que le bâtiment court en ligne horizontale : si le câble ne se dévidait pas assez vite, il arriverait alors infailliblement que le navire, tirant sur la partie suspendue dans les flots, en causerait la rupture.

Il ne suffisait pas d'avoir des données plus précises sur la forme et la profondeur du lit de l'Océan : il fallait encore savoir de quelle façon un câble d'une aussi grande longueur, et placé dans des conditions si nouvelles, serait propre à transmettre l'électricité. Ici nous abordons une nouvelle série d'études qui, bien qu'entreprises en vue seulement de la construction du télégraphe atlantique, ont une portée très générale et intéressent vivement les sciences physiques. Les câbles sous-marins sont des conducteurs électriques placés dans d'autres conditions que les fils des télégraphes terrestres : ceux-ci sont isolés par l'atmosphère même qui les entoure et qui ne retarde que d'une quantité presque inappréciable la vitesse des courants qui les parcourent; aussi cette vélocité est-elle comparable à celle de la lumière elle-même. En opérant sur les fils qui relient Paris aux villes de Rouen et d'Amiens, MM. Fizeau et Gounelle ont montré, par des expériences fort ingénieuses, que l'électricité parcourt, pendant une seconde, 100,000 kilomètres dans un fil de fer et 180,000 dans un fil de cuivre. M. Gould, aux États-Unis, se servit d'un fil qui relie, sur une distance de 1,680 kilomètres, Saint-Louis à Washington, et trouva que les courants électriques le traversent avec une vitesse de 20,600 kilomètres par seconde. En Angleterre, l'astronome Airy a fait voir que cette vitesse est de 12,100 kilomètres sur la ligne de Greenwich à Edimbourg, et seulement de 4,300 kilomètres sur la ligne sous-marine qui relie Londres à Bruxelles. Le fluide électrique parcourt donc les fils terrestres avec une vitesse très variable, mais il s'y meut toujours avec beaucoup moins de paresse que sur les câbles plongés dans l'eau. Le célèbre physicien anglais Faraday a le premier expliqué cette différence; dans un câble sous-marin, les fils de cuivre destinés à servir de véhicule aux courants sont isolés par une couche de gutta-percha. Pour donner au câble plus de solidité, on tresse des fils de fer autour de cette enveloppe, et la corde ainsi préparée est descendue au fond de la mer. Les fils de cuivre qui en forment le centre ne sont donc séparés que par un mince manteau de gutta-percha du fer et de l'eau, qui sont de bons conducteurs électriques. Il en résulte qu'au moment où passe un courant, les corps voisins sont, comme disent les physiciens, *influencés*, c'est-à-dire dérangés eux-mêmes dans leur repos électrique et manifestent une excitation propre. C'est exactement ce qui arrive quand on charge un de ces appareils nommés bouteilles de Leyde, si communs dans tous les cabinets de physique. L'électricité qui s'accumule autour du cylindre de gutta-percha réagit à son tour sur celle qui voyage à l'intérieur, tend à la retenir et oppose ainsi une notable résistance à la marche du courant. M. Faraday a fait voir, par une expérience directe, que, sur une ligne aérienne de 1,500 milles anglais de longueur, l'électricité se répand presque instantanément d'un bout à l'autre du fil, tandis qu'elle emploie jusqu'à deux secondes à faire le même trajet dans un fil sous-marin.

Ces résultats faisaient craindre qu'on n'éprouvât une grande difficulté à transmettre des signaux distincts, avec une suffisante rapidité, à travers un câble aussi long que celui qui devait traverser l'Atlantique. M. Whitehouse, l'*électricien* de la compagnie (pour une chose nouvelle il faut un mot nouveau), s'est occupé de lever ces doutes. Pendant l'année 1855, on préparait en même temps à Greenwich deux câbles destinés, l'un à traverser le golfe Saint-Laurent, l'autre à compléter la ligne de la Méditerranée, en unissant la Sardaigne à la côte d'Afrique. L'un de ces câbles devait se composer de trois fils de cuivre, l'autre de six. En formant un circuit unique avec tous ces fils, on obtint une longueur totale de plus de dix-huit cents kilomètres : jamais la science n'avait pu être servie par des expériences faites sur une échelle aussi grandiose.

Pour reconnaître avec quelle rapidité l'on pourrait transmettre des dépêches dans un câble aussi long, M. Whitehouse a construit des appareils d'une exquise sensibilité destinés à mesurer rigoureusement la vitesse des courants. Un pendule, battant la seconde, est disposé de telle façon que, pendant une oscillation, il met la pile en communication avec le câble, permettant ainsi au courant de le parcourir, et qu'à l'oscillation suivante cette communication se trouve interrompue. Au point de départ, un papier préparé chimiquement se déroule régulièrement par un mécanisme d'horlogerie : un stylet s'y appuie pendant que le courant passe, et se détache sitôt qu'il est interrompu. Ce papier présente ainsi au bout de quelque temps une suite de traits placés à égale distance, dont chacun s'imprime durant une seconde. A divers points du circuit sont disposés des rouleaux semblables, qui tous sont entrés en mouvement en même temps que le premier; seulement les stylets ne commencent à marquer leur première trace qu'au moment où le courant parvient à eux. On voit donc, à la partie supérieure de chaque bande de papier, un espace blanc d'autant plus long qu'on se rapproche davantage de l'extrémité du fil; en comparant ces diverses longueurs à la trace que l'électricité imprime pendant une seconde, on possède des images matérielles du retard qu'elle éprouve dans sa marche, et l'on peut, à l'aide de rigoureuses mesures de longueur, calculer des fractions de temps dont notre imagination a peine à saisir la valeur, mais qu'il importe à la télégraphie de connaître.

Chose singulière, à l'extrémité du fil le stylet, une fois appliqué sur le rouleau, ne pouvait plus s'en détacher, et, au lieu des traits discontinus du premier appareil, ne marquait qu'un trait indéfini. Cela vient de ce qu'à chaque seconde, au moment où le courant s'établit, un mouvement vibratoire, ou, si l'on aime mieux, une onde électrique entrait dans le fil; mais, comme il lui fallait plus d'une seconde pour en sortir, il en résultait que l'extrémité était constamment chargée d'électricité et que le courant ne pouvait être interrompu. Il fallait une seconde et demie au fil pour se décharger complètement, et par suite de ce retard les mouvements consécutifs du stylet, dont les traces forment l'écriture télégraphique, ne pouvaient être séparés par un moindre intervalle. On acquit ainsi la preuve qu'on ne pourrait transmettre des dépêches d'un continent à l'autre qu'avec une extrême lenteur, si l'on envoyait périodiquement dans le circuit des ondes de nature semblable : il restait à examiner si, en employant alternativement des ondes d'électricité positive et négative, on ne réussirait pas à obtenir une transmission plus rapide. Le passage des courants ne peut s'opérer, avons-nous vu, qu'à la condition que le fil de cuivre reste chargé d'une certaine quantité d'électricité qui tienne en équilibre celle qui se développe autour de l'enveloppe isolante en gutta-percha; en envoyant dans le fil une onde électrique négative après une onde positive, on pouvait espérer que les molécules, subitement déchargées et rendues à leur équilibre naturel, propageraient plus docilement l'excitation nouvelle. Les essais réussirent au-delà de toute espérance : en employant des courants dont le sens variait constamment, on parvint à produire à l'extrémité du câble huit mouvements distincts du stylet dans une seconde; bien plus, les expériences entreprises avec les courants alternatifs démontrèrent que plusieurs ondes électriques positives ou négatives peuvent voyager en même temps dans le câble sans se détruire ou se contrarier mutuellement. On a donc le droit d'espérer qu'avec des dispositions convenables, on pourra un jour, sur les lignes sous-marines et peut-être même sur les lignes terrestres, envoyer à la fois des dépêches dans les deux sens avec un fil unique : résultat qui tiendrait vraiment du prodige.

Une fois qu'on eut reconnu que la transmission électrique pouvait s'opérer avec une suffisante vitesse, il fallait rechercher quels étaient les courants qui s'affaiblissent le moins dans un long trajet, parce qu'ils doivent conserver assez d'énergie pour faire mouvoir les appareils qui enregistrent les signaux. Les anciens instruments nommés galvanomètres, qui sont destinés à mesurer l'intensité des courants électriques et se composent de fines aiguilles aimantées que le passage de l'électricité fait mouvoir, ne peuvent servir quand il s'agit de courants très forts et de très courte durée : les aiguilles s'agitent alors convulsivement et ne donnent plus aucune indication précise. M. Whitehouse a imaginé un instrument nouveau, aussi simple que rigoureux, qui mesure la force d'attraction exercée par un barreau de fer doux, changé momentanément en aimant pendant le passage du courant. Avec cet appareil, dont la sensibilité est exquise, M. Whitehouse a pu comparer les divers courants au point de vue de leurs propriétés télégraphiques : ceux qu'on devait préférer étaient les courants qui traversent le câble avec la plus grande rapidité, tout en perdant le moins possible de leur force. Sous ce double rapport, les courants qu'on nomme voltaïques, et qui sont dus à une action chimique, se distinguent très nettement des courants dits d'*induction*; ces derniers prennent naissance dans un fil conducteur toutes les fois qu'autour de lui l'équilibre électrique ou magnétique est modifié quand on approche un aimant, quand on l'éloigne, quand un courant voltaïque naît dans un fil voisin ou quand il s'évanouit, quand il gagne en force ou quand il s'affaiblit. Les courants d'induction ne sont donc en quelque sorte que les reflets des perturbations électriques ordinaires, et pourtant ils jouissent de propriétés tout à fait distinctes. Ainsi M. Whitehouse a montré qu'ils se transmettent dans le câble sous-marin avec une plus grande vitesse que les courants voltaïques : il a prouvé aussi qu'ils voyagent d'autant plus vite que leur intensité est plus forte, tandis que l'intensité n'a aucune influence sur la propagation des courants ordinaires. Il fut donc décidé qu'on emploierait pour le service du télégraphe atlantique des courants d'induction d'une extrême énergie. La pile voltaïque qui alimente, si l'on peut s'exprimer ainsi, l'activité de ces courants inductifs est d'une force remarquable : elle est composée d'éléments en zinc et en argent, et la disposition que M. Whitehouse leur a donnée assure au courant une remarquable régularité.

Les recherches dont nous venons de rendre compte resteront désormais comme les bases de la télégraphie sous-marine et en fixent les règles d'une manière définitive. Une seule question, dans le cas actuel, restait encore à résoudre : quelle épaisseur fallait-il donner au câble atlantique? Celui de Douvres à Calais pèse 8 tonnes par mille; si le câble de l'Atlantique avait eu les mêmes dimensions, il aurait pesé plus de 20,000 tonnes : il devenait impossible de charger une masse aussi énorme dans les flancs d'un navire, fût-ce ce Leviathan des mers, le *Great-Eastern*, aujourd'hui en construction, et qui pourra un jour, dit-on, transporter sur les mers une armée de dix mille hommes. L'immersion d'un câble très lourd à de grandes profondeurs est d'ailleurs une opération très difficile, qui présente les plus grands dangers. M. Brett raconte que, dans une première tentative pour relier la Sardaigne à l'Afrique, il ne put trouver dans tout l'équipage que trois hommes assez courageux pour rester auprès des freins. La prudence et l'économie commandaient de donner au câble atlantique la moindre épaisseur possible; mais d'autre part il semblait que l'électricité aurait plus de peine à se propager, si l'on diminuait le diamètre : c'est du moins ce qui arrive dans les courants ordinaires; la résistance qu'ils éprouvent est d'autant plus considérable que le fil est plus mince. Cette fois heureusement, les modifications que subit le mouvement de l'électricité dans les câbles sous-marins se prêtèrent comme à souhait aux exigences qu'il s'agissait de satisfaire; M. Whitehouse vérifia que, loin d'être retardé, le courant s'accélère quand on diminue l'épaisseur du câble. Aucune considération théorique ne s'opposait donc à ce qu'on lui donnât une grande légèreté, et on se préoccupa seulement de le faire assez épais pour qu'il conservât, pendant la descente, une convenable rigidité et ne se pliât pas trop docilement sous l'influence des courants sous-marins.

Après avoir résolu avec tant d'habileté et de bonheur toutes ces difficultés scientifiques, ces problèmes entièrement nouveaux, on résolut de faire une expérience solennelle avec les instruments mêmes qui devaient servir un jour sur la ligne de l'Atlantique. On réunit en un circuit unique, dont la longueur atteignait plus de 3,000 kilomètres, les fils souterrains et les câbles qui font communiquer Londres, Dumfries et Dublin, avec toutes leurs ramifications. L'expérience eut lieu à Londres, dans la nuit du 9 octobre 1856, en présence du célèbre professeur Morse. M. Whitehouse employa, pour produire les courants, son appareil d'induction électro-magnétique et sa pile à éléments de zinc et argent : les signaux furent enregistrés suivant l'ingénieuse méthode de M. Morse, aujourd'hui presque universellement adoptée. On obtint de 210 à 270 signaux par minute, ce qui correspond à peu près à six ou huit mots. On s'assura ainsi qu'on pourrait transmettre environ un message de vingt mots en trois minutes, par conséquent 480 messages de cette longueur pendant les vingt-quatre heures.

Encouragée par cette expérience décisive, la compagnie du télégraphe atlantique se décida à faire appel au public, et fit connaître son prospectus le 6 novembre 1856. Le capital entier, qui montait à 350,000 livres sterling, fut souscrit presque immédiatement. La compagnie entra en négociation avec les gouvernements de l'Angleterre et des Etats-Unis, qui lui accordèrent une subvention annuelle jusqu'au moment où les recettes atteindraient 6 pour 100 du capital, et mirent généreusement à sa disposition les navires dont elle aurait besoin. Le tarif des dépêches ne fut point fixé d'une manière définitive; mais on compte porter à 100 francs le prix d'une dépêche de vingt mots de Londres à New-York, et à 60 francs le prix d'une dépêche de même longueur entre Terre-Neuve et l'Irlande. Dans ces conditions, on peut compter sur un revenu probable de 10 à 15 pour 100. Cette proportion paraîtra peut-être faible, si l'on songe aux risques de tout genre auxquels est exposée une entreprise aussi hardie; mais il n'est pas douteux que la plupart des souscripteurs ont été moins inspirés par l'appât d'une rémunération que par le désir de contribuer à une œuvre utile et glorieuse.

La compagnie commanda le câble à la fin du mois de décembre 1856 à deux maisons anglaises, MM. Newall de Birkenhead, Glass et Elliott de Greenwich, qui s'engagèrent chacune à fournir 2,000 kilomètres de câble pour la somme de 1,550,000 francs. La fabrication des câbles sous-marins a déjà pris en Angleterre le rang d'une industrie spéciale, et l'on put satisfaire en quelques mois à une aussi importante demande : plus de deux mille ouvriers furent employés à ce gigantesque travail. Après un grand nombre d'essais, on se décida à donner au câble un poids d'une tonne par mille et une épaisseur de 15 millimètres. Quelques mots suffiront pour indiquer de quelle manière il est composé et comment il fut construit. Le centre est formé de sept fils de cuivre, l'un droit, les six autres enroulés en hélice autour du premier; de cette façon, si l'un ou même plusieurs des fils se brisaient, les autres continueraient à transmettre les signaux. La corde en cuivre, plongée à trois reprises dans un bain de gutta-percha, est couverte ainsi d'une triple couche isolante; on l'entoure ensuite de filasse goudronnée. Préparée par tronçons de deux milles de longueur, soumis chacun à l'examen des électriciens, la corde est revêtue d'une enveloppe protectrice en fils de fer. Voici de quelle façon s'exécute cette opération : une grande roue horizontale porte à sa circonférence dix-huit cylindres verticaux autour desquels sont enroulés des fils de fer. Au centre de la roue est une ouverture par où s'élève la corde en cuivre qu'une machine à vapeur dévide, et qui monte incessamment vers le toit de l'usine. La machine dévide aussi les rouleaux de fil de fer, mais elle fait marcher par la même impulsion la roue sur laquelle ils reposent : ils tournent donc en même temps qu'ils s'élèvent, et se tordent en hélice autour de la corde centrale. Aussitôt qu'un rouleau de cuivre est épuisé, on le remplace par un autre et on soude soigneusement les extrémités. Telle est la rapidité de cette opération, qu'on a fait à Greenwich jusqu'à 48 kilomètres de câble dans un seul jour. Les extrémités qui devaient rester près des côtes ont été construites avec plus de rigidité que la partie destinée à reposer sur le fond tranquille de l'Océan. Afin que le frottement sur les rochers, l'action des vagues, le choc des ancres ne put en occasionner la rupture, on avait donné au câble un poids de plus de 7 tonnes par mille, sur une longueur de 10 milles à partir de la côte de Terre-Neuve et de 15 milles près des côtes d'Irlande.

Que de fois dans les entreprises les plus importantes on croit avoir tout pesé, tout examiné, tout prévu! On épuise toutes les ressources de la science, on descend aux plus minutieux détails, et l'on s'aperçoit au dernier moment, mais souvent trop tard, qu'on a commis quelque faute grossière que le plus ignorant aurait évitée. Quand les deux moitiés du câble furent terminées séparément, on reconnut que les hélices des fils de cuivre et de fer étaient dans chacune de ces moitiés en sens différents, les unes allant de gauche à droite, les autres de droite à gauche. Une aussi étrange méprise pouvait avoir de fâcheuses conséquences, puisqu'une fois les deux moitiés réunies au milieu de l'Océan, chacune d'elles devait aider l'autre à se détordre. On comptait réparer cette faute en attachant au point de jonction un poids très puissant : remède dangereux, puisqu'il contribuait à augmenter encore la tension du câble, déjà naturellement si forte pendant l'immersion en pleine mer.

Le gouvernement anglais mit à la disposition de la compagnie, pour recevoir une des moitiés du câble, le vaisseau l'Agamemnon, qui avait porté le pavillon de l'amiral sir Charles Lyons dans la Mer-Noire au début de la guerre de Crimée; les États-Unis envoyèrent, pour être chargée de l'autre moitié, la neuve et magnifique frégate Niagara. Les deux navires se dépouillèrent de leurs formidables engins de guerre; construits pour les terribles luttes de la mer, ils allaient se rencontrer pour une œuvre toute pacifique. Les deux moitiés du câble furent amenées dans les chambres qu'on leur avait préparées, au moyen de poulies portées sur des bateaux alignés jusqu'auprès des vaisseaux à l'ancre : à mesure que le câble entrait, on l'enroulait avec un soin extrême autour d'un axe vertical, de façon que les tours se recouvrissent très exactement et que rien ne pût mettre obstacle au déroulement. Il fallut un mois entier pour charger une moitié du câble dans l'*Agamemnon*; la forme de ce navire permit de l'y loger en un rouleau unique, dont la partie supérieure formait un vrai plancher circulaire de 45 pieds de diamètre. Dans le *Niagara*, on fut obligé de diviser le câble en trois rouleaux, et il fallut même démolir en partie l'intérieur de la neuve et brillante frégate.

Pendant qu'on préparait avec une si étonnante rapidité le câble du télégraphe atlantique, on se préoccupait aussi de perfectionner les appareils ordinairement employés pour immerger les câbles sous-marins. La principale difficulté de cette opération consiste à empêcher la corde métallique de se dérouler trop rapidement et de s'amasser au fond de la mer en longs replis. Jusqu'à présent, voici de quelle façon on a essayé de modérer la vitesse du câble pendant sa descente : en arrivant sur le pont du navire, il vient s'enrouler plusieurs fois autour d'un tambour ou cylindre qu'il oblige à tourner avec lui; il passe successivement autour de plusieurs tambours analogues placés sur son trajet; arrivé à l'arrière du vaisseau, il glisse sur un fort rail en fer et descend enfin dans la mer. La friction que le câble, fortement tendu par le poids de toute la partie suspendue entre le navire et le fond de l'eau, exerce sur les tambours, autour desquels il s'enroule, et sur le rail en fer, l'empêche de se dévider trop vite, et il est loisible d'augmenter le frottement en rendant le mouvement des tambours de plus en plus difficile, au moyen de freins en bois dur pareils à ceux qui arrêtent en peu d'instants les roues des wagons lancés à grande vitesse sur nos chemins de fer. Toutes ces dispositions étaient encore imparfaites : ainsi il arrivait souvent que, le câble descendant avec une extrême rapidité, les différents tours se mêlaient sur les tambours et s'usaient en frottant les uns contre les autres; le câble, fortement échauffé par la friction, se détériorait en passant sur le rail de fer, bien qu'on fût constamment occupé à l'arroser avec de l'eau froide. Pour opérer l'immersion du câble de l'Atlantique, on a donc avec raison supprimé ce rail en fer, et on l'a remplacé par une immense poulie, fortement fixée à l'arrière, un peu en dehors du navire : le câble tourne une dernière fois autour d'elle avant de plonger dans les flots. Les tambours autour desquels le câble s'enroule en passant sur le pont portaient des sillons profonds en acier, où s'engageaient régulièrement les tours, qui ne pouvaient ainsi s'enchevêtrer malgré la rapidité du mouvement. Il y avait quatre tambours pareils, dont les mouvements étaient solidaires et réglés par la manœuvre du frein. Il eût, je crois, été préférable de laisser les tambours indépendants les uns des autres et de leur appliquer des freins séparés; on eût diminué ainsi ce qu'on pouvait appeler la rigidité de l'appareil, condition avantageuse pour graduer convenablement la tension du câble et pour l'empêcher de devenir trop considérable.

Les deux navires furent munis de tout ce que la prudence la plus scrupuleuse pouvait croire nécessaire; on y accumula un véritable matériel de construction et de réparation, des appareils électriques de tout genre. En supposant qu'une partie du câble eût perdu la faculté de conduire l'électricité, on devait en être averti immédiatement par l'arrêt d'une sonnette que le courant tiendrait constamment en mouvement. Aussitôt on aurait serré les freins pour arrêter la descente, mis en quelque sorte le navire à l'ancre sur l'immense corde qui l'attachait au fond de la mer, relevé graduellement la partie immergée à l'aide d'une machine à vapeur; puis, le tronçon en défaut une fois découvert, on aurait coupé la portion privée d'électricité et ressoudé les deux extrémités saines. Dans le cas où une de ces tempêtes soudaines, qui sont malheureusement si communes dans cette partie de l'Atlantique, serait venue mettre l'opération en danger, on projetait de couper le câble, d'attacher le bout de la partie immergée à un puissant câble de réserve, préparé à cet effet, qu'on eût laissé rapidement descendre à la mer. On devait fixer de fortes bouées à l'extrémité, afin qu'elle flottât à la surface de l'Océan. Pendant que les fureurs de la tempête se seraient épuisées sur ce câble de secours, les navires auraient couru librement sous le vent; le calme revenu, on aurait recherché les bouées, remonté le câble de secours et repris l'opération régulière.

L'époque choisie pour l'immersion rendait ces dernières précautions à peu près inutiles : le lieutenant Maury, qui a fait une étude approfondie de la météorologie de l'Océan-Atlantique, avait indiqué comme la période la plus propice au succès de l'entreprise la fin du mois de juin et le commencement du mois d'août. C'est à ce moment qu'on a le moins à craindre les tempêtes, les brouillards et les glaces flottantes, qui à d'autres époques de l'année rendent si dangereuse la route de l'Irlande à Terre-Neuve. Malheureusement à ces latitudes septentrionales on ne peut guère compter, même pendant la saison la plus favorable, sur plus de dix ou douze jours de-beau temps continu; il importait donc de terminer l'opération avec la plus grande célérité possible. Pour en hâter les progrès, on avait d'abord songé à envoyer les deux navires au centre de l'Atlantique : on y eût soudé les extrémités des câbles dont ils étaient chargés. Cela fait, l'un des navires aurait fait voile pour l'Irlande, l'autre pour Terre-Neuve, et le câble, une fois descendu au milieu de l'Océan, se fût étendu dans les deux sens à la fois. De cette façon, on pouvait terminer l'opération deux fois plus vite qu'en immergeant d'abord la moitié du câble à partir de l'Irlande, puis l'autre moitié en avançant vers Terre-Neuve. De plus, en allant dès le début au milieu de l'Océan, on se plaçait tout de suite dans les circonstances les plus critiques, l'on mettait le mieux à l'essai la force de résistance du câble, et s'il devait se briser, on ne risquait que d'en perdre une faible longueur. Ajoutons qu'il était très facile de souder les deux moitiés du câble, tant qu'elles étaient encore chargées sur les navires, mais que cette opération devait présenter de réelles difficultés, surtout par un gros temps, si l'une d'elles était déjà immergée. Pour tous ces motifs, on avait d'abord décidé que l'immersion commencerait au milieu de l'Atlantique. Cette résolution fut ensuite abandonnée, et l'on préféra faire naviguer de conserve les deux bâtiments chargés du câble avec les *steamers* qui devaient leur prêter appui, afin de concentrer toutes les forces et les ressources de l'escadre.

Le 29 juillet 1857, le *Niagara* entra dans le port de Queenstown, accompagné du *Susquehanna*, un des plus rapides bâtiments à vapeur de la marine des États-Unis : l'Agamemnon était déjà au rendez-vous avec le *Léopard* et le *Cyclope*, qui avait opéré les derniers sondages dans l'Océan. On vit bientôt arriver M. Bright, l'ingénieur en chef de la compagnie, M. Whitehouse, M. Morse, M. Cyrus Field, un des plus ardents promoteurs du télégraphe atlantique, le savant professeur Thomson, qui par ses conseils avait tant contribué à résoudre les problèmes scientifiques dont la solution importait au succès et à l'avenir de l'entreprise.

Le o août, le lord-lieutenant d'Irlande, en présence d'une foule immense, inaugura l'immersion du câble sous-marin dans la paisible baie de Valentia, qu'on avait choisie comme un des termes de la ligne, parce que très peu de vaisseaux viennent y jeter l'ancre. L'extrémité du câble fut amenée par des bateaux sur la rive, et lord Carlisle la relia à une forte pile qui, pendant l'opération, devait établir une communication permanente avec les navires. En cas de réussite, il était convenu que les premières dépêches entre les deux continents seraient directement échangées entre la reine Victoria et M. Buchanan, président des États-Unis. L'expédition partit le jour suivant. Au bout de quelques heures, le câble s'engagea dans la machine et fut brisé; on perdit quelque temps à retirer la partie déjà immergée et à la ressouder. On mit de nouveau à la voile le lendemain, et pendant quatre jours consécutifs on reçut constamment des dépêches du *Niagara*. Le 11 août, les signaux furent subitement interrompus : le câble s'était rompu en pleine mer. Le retour des navires, que tant de cris de joie avaient salués au départ, s'opéra au milieu d'une véritable consternation. Dans le rapport qu'il envoya immédiatement aux directeurs de la compagnie, l'ingénieur en chef raconte que la pose du câble épais destiné à la côte s'était accomplie sans difficulté. On y avait soudé le câble principal, dont le déroulement se fit d'abord avec une grande régularité. Pendant quelque temps, il descendit avec une vitesse à peu près égale à celle du navire; mais, à mesure que la profondeur de l'Océan augmentait, le déroulement devint plus rapide, et il fallut imprimer aux freins une force de résistance toujours croissante. En pleine mer, le câble se dévidait avec une vitesse de cinq nœuds à l'heure, pendant que le navire faisait seulement trois nœuds. Bientôt de nouvelles circonstances vinrent rendre l'opération encore plus difficile. Pendant que le navire avançait dans la direction de l'est à l'ouest, un puissant courant sous-marin venant du sud entraîna le câble en dehors de la ligne du vaisseau, et contribua encore à en augmenter la tension. La mer devint grosse; chaque fois qu'une vague soulevait l'arrière du navire par où le câble s'échappait, l'immense corde métallique, suspendue jusqu'au fond de l'Atlantique, éprouvait une subite et forte commotion. Quand l'extrémité du câble se trouvait ainsi relevée, M. Bright, pour affaiblir la secousse, faisait ralentir l'action du frein, et laissait à propos descendre le câble avec plus de rapidité pour contre-balancer l'effet produit par l'ascension du navire. Il avait dirigé tout le temps en personne l'opération du déroulement; un moment il fut obligé de quitter la machine pour aller à l'avant du vaisseau. A peine éloigné, il entendit tout bruit cesser; le câble s'était brisé au fond de la mer. Il est hors de doute que ce déplorable accident ne peut être attribué qu'à une inintelligente manœuvre du frein, et l'on a droit de s'étonner que, pour une entreprise aussi capitale, on n'ait pas réuni un personnel nombreux et bien exercé, et que tant de puissants intérêts soient restés en quelque sorte à la merci d'un seul homme. Il est d'autant plus permis de regretter cette imprévoyance que l'on était déjà parvenu à immerger 540 kilomètres du câble, et qu'il s'échouait régulièrement à l'effrayante profondeur de 2,000 brasses. La transmission des signaux s'opérait avec une perfection qui dépassait toutes les espérances et avec plus de facilité même que près des côtes d'Irlande; l'énorme pression qui s'exerçait sur le câble au fond de l'Océan, au lieu d'en diminuer la conductibilité, semblait en quelque sorte l'augmenter, comme si la gutta-percha fortement comprimée isolait mieux les fils de cuivre placés à l'intérieur.

Un premier insuccès ne doit point décourager les promoteurs du télégraphe atlantique : il eût été assez étonnant qu'on eût réussi du premier coup à traverser l'Océan sur une immense longueur, quand presque toutes les entreprises du même genre, exécutées dans des bras de mer peu profonds, ont généralement échoué au début. N'a-t-on pas brisé des câbles sous-marins dans la Mer-Noire, entre Terre-Neuve et l'île du Prince-Edouard, et à deux reprises dans la Méditerranée? La portion du câble de l'Atlantique qu'on a immergée sans accident est plus étendue que le câble de Varna à Balaclava, le plus long qui ait jusqu'ici réuni deux rivages opposés. La profondeur de la Mer-Noire est d'ailleurs si insignifiante, quand on la compare à celle qu'on a pu atteindre dans l'Océan-Atlantique, que personne ne voudrait songer à comparer les difficultés des deux opérations.

Quelles leçons faut-il tirer de cette première expérience en prévision d'une tentative nouvelle? C'est ce qu'il nous reste à examiner. L'ingénieur en chef, M. Bright, assure qu'il n'y a presque rien à changer à la machine qui sert à opérer l'immersion, et qu'elle a fonctionné tout le temps avec une parfaite régularité : il nous semble pourtant qu'il serait préférable de laisser les tambours autour desquels tourne le câble indépendants les uns des autres, et de leur appliquer des freins séparés dont la résistance serait convenablement graduée. Mais le progrès qu'il nous paraît surtout indispensable de réaliser consisterait à rendre la tension du câble aussi indépendante que possible des mouvements du navire. Les profondeurs qu'on a pu atteindre avec le câble ont prouvé qu'il ne se romprait point, comme beaucoup de personnes le croyaient, sous sa propre charge; il n'a donc véritablement à craindre que les secousses que lui imprime le navire, quand les vagues l'abaissent et l'élèvent alternativement. Chacun peut faire aisément l'expérience suivante. Qu'on suspende au bout d'un fil un poids très lourd qui l'étiré fortement, sans pourtant le briser. Le fil portera sa charge tant que la main qui le tient reste immobile; mais qu'elle lui imprime une soudaine et vive secousse, il se brisera aussitôt. Le câble suspendu entre le navire et le fond de la mer est dans le cas d'un fil soumis à une excessive tension, et l'expérience a prouvé qu'à une profondeur de 2,000 brasses, cette tension n'est pas assez forte pour le rompre; mais quand l'arrière du navire, où s'attache le câble, s'élève par bonds de cinq ou six mètres, l'immense corde métallique se trouve soulevée, et la commotion qui s'y propage peut facilement la briser. C'est là, on peut l'affirmer, le plus grand danger auquel soient soumis les câbles sous-marins pendant l'immersion, et c'est généralement ce qui en a causé la rupture. Pour l'amoindrir, il n'y a qu'un seul moyen : c'est celui qu'on emploie sous mille formes diverses, dans les innombrables applications de la mécanique, pour atténuer l'effet des chocs et des secousses, et dont les ressorts de nos voitures donnent un exemple familier. Le problème à résoudre consiste donc à tenir le câble constamment suspendu par un mécanisme énergique. M. Victor Beaumont, ingénieur à New-York, propose de faire passer le câble sur une forte poulie qui pourrait se mouvoir de bas en haut et de haut en bas, et qui serait suspendue à un puissant ressort. De cette façon, au moment où l'arrière du navire serait soulevé par la vague, la poulie s'abaisserait d'elle-même autant que le vaisseau s'est élevé; le câble conserverait toujours à peu près la même tension. Pour qu'un ressort semblable pût amortir complètement les secousses que le navire imprime à la corde métallique qui traîne derrière lui, il faudrait que la poulie qui s'y trouve suspendue pût s'élever et s'abaisser au moins de 5 ou 6 mètres. Il n'est pas nécessaire d'être familier avec la mécanique pour comprendre que les organes d'une machine ne peuvent impunément faire des bonds aussi effrayants. Il y a heureusement un moyen fort simple de les atténuer, tout en atteignant le même but. Au lieu d'une poulie unique, je proposerais d'en employer dix. Cinq d'entre elles seraient alignées horizontalement les unes à côté des autres et suspendues à des ressorts qui se comprimeraient de bas en haut. Les cinq autres, disposées au-dessous des premières, seraient soutenues par des ressorts qui pourraient être comprimés de haut en bas. Le câble passerait alternativement au-dessus d'une des poulies supérieures et au-dessous d'une des poulies inférieures, en formant ainsi une ligne serpentine dont les inflexions seraient d'autant plus fortes que le câble serait plus tendu. Si la partie du navire qui porte la machine s'élevait subitement, par exemple, de 5 mètres, chacune des poulies n'aurait à effectuer qu'une oscillation de 5 décimètres, pour atténuer la secousse qui autrement serait imprimée dans toute sa force à la corde métallique. Il est très facile d'imaginer des dispositions qui, dans cette limite, rendraient ces oscillations très faciles, et sans aucun danger pour le déroulement du câble. Au lieu de ressorts en métal ou en gutta-percha, il serait sans doute plus convenable d'employer des cylindres remplis d'air comprimé; le mouvement ascensionnel ou descendant des poulies sur lesquelles passerait le câble se communiquerait aux pistons, qui, en se mouvant dans les cylindres, feraient varier la résistance du gaz.

Il est impossible de faire cette année une nouvelle tentative pour établir le télégraphe atlantique. On a reconnu la nécessité d'employer une plus grande quantité de câble. Au lieu de 4,000 kilomètres, on en chargera la prochaine fois 5,000. Il faut se résigner à laisser le câble avec une vitesse beaucoup plus forte que celle du navire, plutôt que de tout compromettre en opposant trop de résistance au déroulement. Au point de vue de l'économie et de la transmission des dépêches, il y a sans doute un inconvénient manifeste à augmenter la longueur de la corde immergée; mais l'admirable conductibilité des fils au fond de la mer semble permettre de faire ce sacrifice à la sécurité de l'opération. Ce qui reste du câble atlantique recevra peut-être une autre destination que celle qu'on lui réservait primitivement. Une compagnie formée en vue d'établir une communication électrique entre l'Angleterre et l'Inde a offert de l'acheter, avec le concours de la compagnie des Indes. On pourrait établir en trois mois un télégraphe terrestre le long de la côte de l'Arabie, entre Suez et Aden. De cette ville partirait le câble sous-marin qui irait aboutir à Kurachee, principal port du Scinde, situé près de l'embouchure de l'Indus, à 120 kilomètres seulement d'Hyderabad. La distance entre Aden et Kurachee est de 2,500 kilomètres, et ce qui reste du câble atlantique serait amplement suffisant pour joindre ces deux villes. Dans la Méditerranée, Malte et la Sicile sont au moment d'être réunies. Si l'on posait ensuite, comme il en est question, un câble entre Malte et Alexandrie, une ligne télégraphique continue unirait l'Angleterre à l'Inde, en traversant presque les trois quarts d'un hémisphère terrestre, et l'on saurait au bout de vingt-quatre heures à Londres ce qui se passe aux bouches de l'Indus et du Gange. On estime qu'il faudrait 7,500,000 fr. pour relier Suez à Aden, 16 millions pour poser un câble sous-marin entre Aden et Kurachee : que sont d'aussi faibles sommes en regard des avantages que présenterait à l'Angleterre l'établissement d'une ligne qui lui permettrait de surveiller heure par heure ce vaste empire, dont la conservation importe autant à sa grandeur qu'à l'avenir de la civilisation dans l'Orient? Quand on songe que la révolte de l'Inde a éclaté le 10 mai dernier, et qu'on n'a pu en connaître l'importance et les dangers qu'au mois de juillet, on déplore qu'un temps si précieux ait été perdu, et que des mesures rapides n'aient pu modérer une explosion qui menace aujourd'hui de rendre nécessaire une nouvelle conquête, et force l'Angleterre à recommencer l'œuvre sanglante des Clive et des Warren Hastings.

L'extension de la télégraphie sous-marine aurait donc pour effet de consolider la suprématie des nations civilisées dans le monde. Tel serait l'avantage politique de ce nouveau moyen de communication. Au point de vue commercial, il est à peine nécessaire d'en faire ressortir les heureux résultats. Quand on connaîtra à chaque instant l'état des marchés les plus lointains, les besoins de tous les peuples et des colonies les plus éloignées, le commerce pourra remplir avec plus de méthode et de sécurité sa bienfaisante mission. L'établissement d'une ligne télégraphique entre l'Angleterre et l'Amérique, en même temps qu'elle multiplierait les relations entre l'ancien et le Nouveau-Monde, porterait, sans aucun doute, un coup fatal à cette fièvre de spéculation dont les ravages n'ont été nulle part aussi terribles que dans les grandes cités commerciales des États-Unis. Pour le comprendre, il faut se rappeler que les capitaux anglais et américains sont partout engagés dans une foule d'entreprises communes, et que le contre-coup des crises qui affectent les marchés de l'Angleterre est ressenti vivement de l'autre côté de l'Atlantique : cette dépendance est aggravée par l'interruption forcée des nouvelles qui n'arrivent que par intervalles. La spéculation les commente et profite de ces périodes d'attente; la substitution des bateaux à vapeur aux vaisseaux à voiles a déjà entravé ces opérations, auxquelles le hasard seul sert de base, et qui deviendront encore plus difficiles quand le télégraphe atlantique fera connaître chaque jour à New-York la situation de Londres et les nouvelles de l'Europe.

De tels résultats font aisément comprendre quel avenir est réservé à la télégraphie sous-marine. Dans la Méditerranée, il n'est pas douteux que, d'ici à une époque assez rapprochée, plusieurs lignes rattacheront l'Europe à l'Afrique et à l'Asie. M. Newall et M. Bonelli ont fait une nouvelle tentative pour relier l'Afrique à la Sardaigne, et elle n'a échoué que parce que M. Newall avait construit une longueur insuffisante de câble. Il avait espéré, en faisant remorquer rapidement le navire qui en était chargé par des bateaux à vapeur, que le câble, au lieu de s'échouer sur les inégalités du lit de la mer, se tendrait d'une montagne sous-marine à l'autre, comme un pont suspendu. Cet espoir fut déjoué, et le câble était épuisé quand on arriva à 16 kilomètres du cap Teulada. M. Newall arma l'extrémité du câble d'anneaux en fer, afin de le repêcher plus tard avec des grapins. Il en a déjà retiré d'autres de cette manière, et notamment le câble de la Mer-Noire. On espère que l'opération va être reprise, et on ne peut guère douter que cette fois l'habile ingénieur anglais ne complète son œuvre, un moment interrompu. Malte sera aussi, on l'a vu, reliée dans un très court délai à la Sicile, et bientôt après au port d'Alexandrie; plus tard sans doute Alexandrie sera unie à Constantinople. L'archipel grec semble tout préparé pour joindre Smyrne à la Grèce, qui a elle-même intérêt à communiquer directement avec les Iles-Ioniennes et l'Italie. Le fond de l'Atlantique ne sera jamais sillonné par des fils télégraphiques aussi nombreux que ceux qui traverseront le bassin de la Méditerranée, aux côtes profondément découpées, et semé de si nombreuses îles. Les difficultés que nous avons cherché à luire apprécier s'opposeront à ce qu'on multiplie les lignes océaniques, et l'on sera toujours gêné par la nécessité de choisir les régions les moins profondes de la mer. S'il a été impossible de modérer convenablement la vitesse du câble atlantique à une profondeur de deux mille brasses, on peut juger de ce qui arriverait, si l'on s'aventurait dans les régions où la sonde peut descendre à quatre ou cinq mille brasses.

La ligne de l'Irlande à Terre-Neuve est la seule qui nous paraisse bien choisie. La nature elle-même assure à ceux qui rapprocheront ces deux îles le monopole absolu des communications entre les Etats-Unis et l'Europe. Plus au nord, sur la côte du Groenland, les glaces sont trop à redouter, et la mer atteint une plus grande profondeur; plus au sud, on a proposé d'atteindre l'Amérique par les Açores, mais ce projet n'a aucune chance de réussite. Il serait peut-être possible de réunir les Açores à Terre-Neuve, mais la compagnie anglo-américaine du télégraphe atlantique possède un privilège exclusif sur les côtes de cette île. On serait donc obligé d'aller des Açores à la Nouvelle-Angleterre, et de franchir l'immense vallée marine où se précipitent les eaux du *gulfstream*, qui à ces latitudes atteint une incroyable profondeur. C'est dans le golfe du Mexique et dans la mer des Antilles que l'Océan-Atlantique a la moindre profondeur. Si jamais les Américains s'emparent de Cuba, ils ne manqueront certainement pas d'unir cette île d'une part à la Floride et de l'autre à l'isthme de Panama. Une ligne de communication plus difficile à établir serait celle qui joindrait l'Amérique du Sud à l'Europe par l'île Fernando Noronha, l'île Saint-Paul, les îles du Cap-Vert et les Canaries. Il est pourtant permis d'espérer qu'un jour on accomplira ce gigantesque travail : sur ce long trajet, la profondeur de la mer ne dépasse trois mille brasses que dans une zone assez limitée, entre le cap Saint-Roque et les îles du Cap-Vert, et se maintient au-dessous de deux raille brasses sur les deux tiers de la route.

Dans l'autre hémisphère, aussitôt qu'une ligne télégraphique réunira l'Angleterre à l'Inde, on parle déjà de la prolonger dans les possessions hollandaises et même jusque dans l'Australie et dans la Nouvelle-Zélande. Lorsque toutes ces merveilles seront achevées, quand sur le continent américain le fil télégraphique qui doit franchir les Montagnes-Rocheuses atteindra la Californie, l'habitant de San-Francisco pourra correspondre avec celui de Sydney ou de Melbourne. Le jour où la volonté de l'homme pourra, avec une prestigieuse rapidité, faire presque le tour entier du globe, n'aura-t-il pas le droit d'être fier et de sentir plus vivement sa propre grandeur? Ne sentira-t-il pas aussi d'autant mieux sa petitesse en voyant d'une façon si nouvelle et si saisissante combien est étroit cet empire qui lui est attribué, et dont les bornes lui renverront en un temps si court l'écho de sa propre pensée?

ISBN : 978-1719179461

www.ingramcontent.com/pod-product-compliance
Lightning Source LLC
Chambersburg PA
CBHW030045230526
45472CB00005B/1687